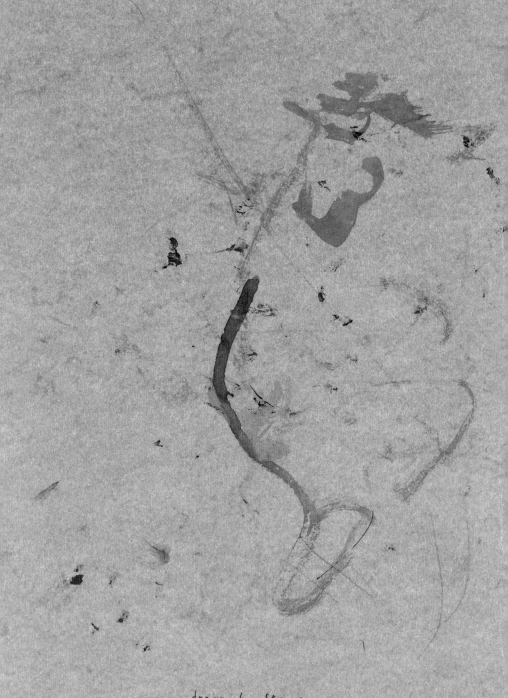

drawn by Struan

For my grandmother 張素英 and

my grandfather 楊北超,

who supported me and helped

and for Struan

without whom this book would

not be possible.

My dear son,

我一直很喜歡小孩,

有了你以後,

才發現喜歡有好幾種層次,

我很愛你。

教你事情的時候,

會想這樣教是對的嗎?

會翻書或是上網搜尋。

教訓你的時候,

心會酸酸的,還有點愧疚,

不知道當你看得懂這本書時,

會不會喜歡我的這些紀錄?

我想對未來的你說,

有了你的時候,我還不太成熟,

我慢慢的在每個過程中學習,

不預設困難,因為我懂得面對跟解決問題,

我開始注重身體健康，
才能一直陪著你。
我試著放慢腳步培養耐性。
要堅強也要柔軟。

然後，
我試著學會放手，
當你的軍師。
可以看著你出錯，
卻不干預你的決定。

Love you.

　　mum　　12.may.2020

Soupy

媽媽日記
Mom's Journal

Soupy Tang 著

一直以為結婚、生小孩是人生的必經之路，
卻從來沒有好好思考過，
這兩件大事要付出多少的努力和學習，
就這樣，我結婚了，三年後有了 Struan。

懷孕前，我是個會把工作和生活都規劃好，
什麼事都要掌控的好好的人，
懷孕後，對於未來的未知感一一來襲，我開始感到害怕：
我會有一個美好的家庭嗎？
還可以做想做的事嗎？
我會是一個好媽媽嗎？

第一次，發現自己一點都沒有想像中那樣堅強，
然後，我花了十個月認識了另一面的自己。

有了 Struan 後，我突然感受到一線陽光，
我朝著有光線的方向從谷底向上爬，
那是一種撥雲見日的感覺。

Struan 是一個愛笑的小孩，
好吃、好睡，甚至很可以搭長途飛機，
他事事配合，常常讓我覺得自己不像媽媽，
更像是多了個生活伙伴。

Struan 不會說話時，我就感受到他好像很懂我，
等到他快兩歲，很愛說話，他的幽默感常逗得我很開心，
但是，同時也看到調皮的因子在慢慢長大，
這時，媽媽就會很順勢的想，這些應該都是跟爸爸學的吧？

在 Struan 誕生後的兩年裡，我很少有自己的時間，
不是在工作，就是在陪他，我們常常在同個空間做著各自的事，
我整理家裡時，他玩玩具，
我釀梅酒，他騎車，
我也很享受他睡著後，
縮在床的角落看電影，旁邊還會放一杯啤酒。
以前的我只喜歡獨處，但是，現在覺得很幸福呀！
我應該從沒想過自己會說出這樣的話！

這本書紀錄我從懷孕到 Struan 快兩歲的生活點滴，
出書的時間剛好很接近他兩歲生日，
我想送這本書給他當生日禮物。

**「希望長大後，你還是會喜歡這本書，
也希望我不只是你的媽媽，也是你的好朋友呀！」**

Soupy

Characters

人物介紹

Mr. Ned

Mrs. Sandra

Mrs. Lily

Mr. Tom

CRACKER

(Steve's dad)

(Steve's mom)

(Soupy's mom)

(Soupy's dad)

Contents

目　次

PART 1.

My pregnancy journey

懷孕日記

從現在回想懷孕的日子，
真是混亂又害怕的 10 個月，
腦中有好多個打不開的結，
有了 Struan 後，反而慢慢的想開，
好像也知道該為什麼而努力了。

我幾乎在畫完整本書後，才整理好心情要來寫這段開頭。
過程中，我反覆思考要不要把當初脆弱的感受記錄在書中？
後來，我想我不擅長文字，就用畫的來呈現吧！

懷孕是計畫中的事，我準備好了房子，
也規劃好未來小孩讀書的學區，
當初，這件事是 Steve 先提的，
他覺得是時候應該有一個家庭的樣子了。

懷孕那年是工作很順利的一年，
我分別和李維菁、吉本芭娜娜合作新書繪本，
也為電影《看不見的台灣》畫插圖，
認識了很多很有趣、很棒的朋友，
接二連三的幸運降臨，興奮同時也存在一絲的不安，
擔心好運中會夾帶令我措手不及的挑戰？

沒想到挑戰竟然是我最期待的小孩突然來臨！

我一直很喜歡小孩，得知自己懷上後卻開始擔心害怕，
最初，一接到我懷孕的消息，Steve 也退縮了，
他不知道自己是不是真的準備好，
也不確定我們能否一起帶給小孩最好的生活？

那年，他的工作需要一直待在英國，
懷孕的 10 個月，他來回飛了 8 趟，每次都短短停留一週，
我向來獨立，連房子裝修都是我一個人找工班完成，
卻在獨自或媽媽陪伴產檢時感到孤單跟害怕。
不斷質疑自己可以帶給小孩安穩且快樂的未來嗎？

我和吉本芭娜娜合作的《惆悵又幸福的粉圓夢》繪本，
書中描述她兒子因為喜愛台灣的珍珠奶茶，
芭娜娜便以食物形容人生中幾種不同的愛。

我因為參與那本書有機會到日本探訪取景，
也和芭娜娜見面、一同用餐。
在那趟旅途中我發現自己懷孕了，
因此畫畫的過程中，更加倍感受到親情的來襲，
書中有句話，完全訴說了我當時的心情：

「無論是美好的或悲傷的事，皆有可能在每一瞬如災難強力來襲，
就此改變人生的方向，過度的驚喜，説不定幾乎與悲劇一樣棘手，
但那正是人生，也恰能證明我們都是平凡生物。」

\\

懷孕過程中我感受到人生的低潮，
假藉忙碌工作來減少自己胡思亂想的機會，
Struan 比預產期提早 3 週出生，那時他已重達 3500 克，
生產時間前後總共花了 31 個小時，
光在產檯上就努力了 4 ～ 5 小時，
最後醫生是用吸引器才把他生出來。

看到自己小孩的感覺真的很奇妙，
不是馬上就有滿滿的愛，反而有點陌生，
但是當體力恢復看到他時，我不自覺的從心底開心起來，
期待每一次去母嬰室餵奶，而且希望他不是正在睡覺。

懷孕時，我常常一個人看電影，
那時，最喜歡的一部片是《犬之島》，
我總在一邊餵 Struan 喝奶時，一邊聽著《犬之島》電影配樂。
一直很喜歡狗的我，
覺得屬狗的 Struan 就像是一隻剛出生的小狗，
眼睛很少張開，暖呼呼、軟綿綿，
很想用力的抱他聞他身上的奶味，卻又怕傷害到他。

當媽媽後，過去的擔心都變成是多餘的，
以前糾結的許多小事，現在都變得不那麼重要，
過去喜歡先預設事情會發生最壞的情況，
現在會坦然接受每一次的關卡，
也覺得自己一定有能力可以解決。

第一次發現自己變成熟，感受到一種當了媽媽的力量，
雖然，還是會在小孩睡了之後，
一邊吃宵夜一邊懷念過去的自由，
但是，如果再有一次選擇，我還是要當媽媽。

玩具都準備好了！

BoConcept

在還沒結婚前.

就買了好多玩具.

當時,

我就一心覺得.

有天我會當媽媽！

Troll doll

LEGO

Eguchi toys

Where the Wild Things Are

Moomin chair (Snufkin)

HEICO large mushroom

SEW Heart Felt

Marshall STOCKWELL

PART 1
My Pregnancy Journey

懷孕低潮期

雖然肚子裡有孩子的陪伴，

卻因為擔心未來而感到害怕。

每天反覆想著，

到了夜深時，

覺得特別孤單...

讓心情好起來吧！

沮喪的時候，
我習慣獨自排解。
自己去看電影。
在自己的空間裡忙碌，
開車或是一個人旅行。
把步調調慢，去專注於每個當下的動作。

和別人吃飯時，
會在意話題而無法好好享用。
所以，我會一個人去餐廳吃飯。
細細品嚐每一道料理，招待自己！

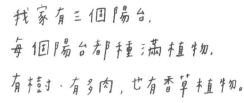

我家有三個陽台，
每個陽台都種滿植物。
有樹、有多肉，也有香草植物。

心情不好的時候，
我喜歡縮在陽台，被植物包圍，
一個個修剪或換盆。
一整天忙完，
坐在陽台上喝杯汽水。
藤椅
心情好舒暢！

懷孕的身材變化

懷孕後期，鼻子變好大，

和家人去採蕃茄。

覺得自己的鼻子像蕃茄一樣，

又圓又紅。

寬鬆,棉質
的褲子穿起來
很舒服,
但是,我穿
起來顯得
好胖!

— 28 weeks —

← 11 weeks
懷孕初期，
肚子微凸，
像是吃飽
的樣子

18 weeks →
大約胖了 5-6 kg.
胸部變大.
整個人發福.
穿有垂墜感
的高腰裙.
看不太出來
懷孕.

← 2?
食慾
臉都
喜歡
覺得

脖子後方
＋後背＋腋下
嚴重色素沉澱

找到一件
很棒的孕婦
牛仔褲!!

← 31 weeks

開始胃食道逆流,
吃不下東西.

體重共增加 10 kg.

臉的膚質
從乾性轉油性.
無時無刻
都很渴.
3分鐘可以
喝完 500cc
的果汁!
(驚!)

手不止麻,
也脹脹的.

← 25 weeks
肚子迅速
增大!
被醫生告誡
要注意飲食,
鼻子大到
很有福氣.
姪女到我耳邊說
姑姑, 妳鼻子
好大.
……

← 36 weeks.

肚子好大.
腿也很脹.
手會麻麻的.
頭髮顏色有
很明顯的
斷層.

STRUAN 出生

生產過程是疼痛的耐力賽,

最煎熬的應該是在產檯上的那3~4個小時,

不知道該怎麼用力的我.

加上 Struan 頭的方向不對,

我聽見護士用英文術語問醫生

要不要乾脆剖腹產?

醫生要我繼續加油,說痛了這麼久,

再多努力一下.

所有人都不放棄希望,教我吸吐換氣.

這時 Steve 在我耳邊說:

「等下生完,就可以大喝啤酒配鹽酥雞喔!」

那一刻,

我的白眼真不知道翻到了哪!!!!

從出生到現在，
Struan 都會趴在我身旁睡覺。
如果睡一半醒來，發現我不在旁邊，
就會發出哼哼呼呼叫聲。
我只要把他抱到身旁，
又會馬上進入夢鄉。

PART 2.

Hello,
my name is Struan.

hello, 我是 struan!

脖子還沒硬 Struan 就被媽媽抓去拍證件照，
從會爬、會走到會說話，
每個階段都有不同的挑戰與學習，
跟著爸媽去體驗生活或是陪伴著一起旅行，
交了朋友，也開始學說話，
還會把看到的事，到處和大家分享！

01. MY NAME.

02. I DON'T FEEL PAIN.

03. TAKING MY FIRST
            PASSPORT PHOTO.

04. MY LIFE OF ADVENTURE.

05. I LOVE DOGS.

06. DEVELOPING MY LOOK.

07. MAKING FRIENDS.

無緣的大葳

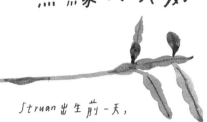

Struan 出生前一天，

巷口曇花開了十幾朵。

讀國中的時候我改了名字，
原本的名字我蠻喜歡的，叫做：依敏，
還記得當時我的自我介紹詞：依依不捨的依，敏捷的敏，
後來，國小畢業時，媽媽找了算命老師幫我改名字，
新的名字是桅茹。

那個桅很難解釋，而茹常常被打成、寫成「菇」，
根據算命師的說法，
改名的原因是我看起來聰明但其實很笨，而且會越大越嚴重，
那時我的成績，真的也從前三名開始倒退，
小學三年級的時鐘題，怎麼樣都學不會，考了 20 幾分，
被老師留下來補課。
改了名後，姑且不說真的有變聰明，
但是，我的確覺得還算是一帆風順。

於是 Struan 出生後，我找了同一個算命師，
請她幫兒子取個名，
她先問了我的名字，
接著說：這是我取的吧，妳應該很好命喔。
我：妳怎麼知道？
她：應該生男的吧。
我：………（停頓幾秒後）對啊，我覺得男女都很好。

過幾天，爸媽到月子中心來看我，
並帶了算命師寄來的紅包，裡面放了 Struan 的中文名字，
其中，我最喜歡的就是大葳了！
但是同時擔心，這個名字以後會不會被同學笑呢？
最後就沒選了。

當時正在學易經的爸爸，覺得算命老師取的這幾個名字都不好，
接著給了，福銓、富鈺、沛臻這幾個來讓我選擇，
我知道爸爸花了好多好多好多的時間研究 Struan 的名字，
但是我還是拜託爸爸重新想過，
有點洋味的 Struan 配著這麼台味的名字，真的好嗎？

最後，我選了個很平實的名字（先保密），
也因為我總是以 Struan 稱呼他，
總會在打預防針或是辦理文件時，
沒發現已經叫到我的兒子。

Struan 沒有痛覺

今天帶 Struan 去洗澡後，我們倆一起躺在床上玩，
玩我閉眼睛假裝睡覺的遊戲，
他會趁我閉眼睛時偷偷爬走，滑下床或是跑到另一個位子，
我張開眼，會演找不到他，然後嚇到的樣子，他會笑得好開心。

玩幾次後，我決定這次眼睛閉久一點，
張開眼，發現他正快速地往房間外爬，
我爬在他後面要去抓他，他笑得很激動，然後砰一聲頭撞到地板，
我嚇死了，那一聲很響，撞得絕對不輕，
我馬上抱住 Struan，他卻哭了一聲，

我再趕緊檢查他的臉，
撞到地板的額頭已經瘀青，上面還有三條刮傷的血痕，
我抱著他站起來，想拍拍他好好安慰一下，
他居然開始笑了，笑出聲音，
剛剛那一聲哭泣感覺只是驚嚇而不是痛。

\\

前兩天去乾媽家，她家一向乾淨整齊，
Struan 沒注意到客廳跟陽台間的玻璃隔間，一頭撞上，
大家瞬間安靜停下手上動作朝他看去，
Struan 轉過頭來給大家一個燦笑。

還有一次，
Steve 推他逛家附近的五金行，
回來的晚上，我準備幫 Struan 洗澡，
發現他的腳的大姆指有好大一個傷口，血都乾涸了，
問 Steve 發生過什麼事？
他說沒注意，
我猜應該是 Struan 受傷當下也沒出聲。
大拇指破的那幾天，
我習慣洗澡前，聞一下 Struan 的腳再輕輕咬一下大拇指，
一咬，他嘴巴覺噘起來，說「呼呼」，
我才發現自己忘了，咬到他的傷口，
也為他還是有點痛覺，感覺欣慰。

Struan 不怕痛的事，一直在我的朋友及家人間流傳著，
公公曾說要注意 Struan 長牙齒，
因為酸痛的過程容易哭鬧，
就這樣不知不覺他長了 10 顆牙，也沒看他有不適的感覺，
有人說狗不太怕痛，是不是因為 Struan 屬狗呀？

Struan 拍大頭照

因為要註冊英國身分的關係，
Struan 需要在脖子還沒硬的時候就拍證件照，
我先上網研究了一下攻略，
大部分的分享都建議讓小孩躺在白色的紙上拍，
我心想應該不難，便找了媽媽一起幫忙，
媽媽還很天真的說：
「這麼簡單，我把他背在肩上就可以拍啦！」

媽，妳真的異想天開 !!

身尚在白紙上試試.

← 手抓住

Struan 才 3 個月，怎麼看起來像 3 歲？

要把嘴巴閉起來，卻把舌頭伸出來！

乾脆靠在白牆上拍吧！

 →

嬰兒脖子好軟，　　　　　　發火了!!
'頭'無法固定

 →

不屑了，　　　　　　也絕望了。

→ 　　→

還餓了

媽媽，放過我吧！
(Struan 心想)

→ 　　→

媽媽，放棄吧……

突然，在拍了幾十張後，

神配合的帶著一點微笑，完成!!

最後，就以這張成為英國及台灣護照
的大頭照。

題外話

辦完 Struan 護照後，我要出國工作幾天，

在機場 check in 時，

櫃檯小姐問：小姐，請問這是您的護照嗎？我怎麼
　　　　　覺得您這張好像是一個小 baby？

我：天阿！帶成 Struan 的護照了！

帶著 Struan 上山下海

Struan 出生 3 個月，我每天都會帶他出去走走，
那時候還可以用揹巾將他背在胸前，
即使下大雨，還是會撐傘帶著他去麵包店或是超市晃晃，
不知道是不是從小就習慣被帶出門，
到目前為止的幾次旅行他都意外的配合。

我覺得最硬的旅行是陪媽媽去貴州鄉下的外公家掃墓，
Struan 當時 8 個多月，還不會走，
我們全家人跟我的爸媽一起同行，
先從台灣飛到深圳，停留了三天，
然後我們再一路從深圳搭高鐵到了四川，
大約 4 ～ 5 小時的車程，
氣溫從炎熱的 30 幾度下降到 10 度左右。

到了四川，親戚叫車來載我們，
兩個多小時的車程我們來到氣溫接近零下的鄉間，
一路奔波，衣服換穿，Struan 沒有任何的哭鬧，
只有表情略顯疲態。

我們在親戚家的麵店稍作休息，
隔天一早又要搭 3 個多小時的車到更鄉下的地方掃墓。
那邊好像是另一個世界，
大家都是用竹簍揹在背上揹小孩，
路邊很多小店賣手織鞋，
那邊的房子也像是電影才會出現的場景。

\\

Struan 來來回回共飛了三次英國，
想想覺得真的是苦了他，
連大人都受不了的長途旅程還要不停的轉機，他卻非常配合，
標準的一起飛就睡覺，一轉機一到目的地就醒來，
他雖然坐在推車裡，手卻會抓著我的登機箱幫忙推，
很多路人看到都會笑出來。

第二次到英國，我們也飛去了芬蘭，
那時，Struan 剛學會走路，
赫爾辛基是一個很適合帶小孩旅行的地方，
到處都有美麗的公園，裡面有用木頭搭建的各種遊樂設施，
我們漫無目的在湖邊散步，看到一間小小的可愛閣樓，
走進去有一群打扮時髦的人在烤麵包，價錢也不貴，
我們就坐在湖邊開始啃很香的麵包，
店家說他們一週只賣一天，還直說我們真幸運就這樣碰上了，
我們還在吃的同時，麵包已完售，
心想，芬蘭人還真如傳說中的工時很短呀！

\\

Struan 跟著我們去海邊踩沙子玩水，
陪著 Steve 在台灣爬山，
也陪著我在蘇格蘭的森林裡跑步撿果實，
常常覺得不是我們陪著他玩，
反倒是他陪著我們做了很多讓我有開心回憶的事。

STRUAN 愛狗

Hello, My Name is Struan

Struan 對於狗狗的濃烈愛好，應該是在英國培養起來的。Struan 出生 7 個月第一次去英國長住時，就和公婆家的捲毛長毛狗每天玩在一起。那隻狗叫 Ruby，是 Steve 上輩子的太太，Steve 在英國工作時，Ruby 每天見到他都會飛奔衝上去，一狗一人相擁並親吻，即使 Ruby 是隻巨型狗，卻好像不知道自己的體型，喜歡四隻腳站在 Steve 的單隻大腿上，也常常重心不穩跌下……

Ruby 對 Steve 的感情也完整的帶給 Struan，有別於情人般的愛，她和 Struan 更像是媽媽之於兒子。當 Struan 在火爐旁的地毯上爬行，她會擋在火爐前面，不讓 Struan 接近，也會把自己當成沙發讓 Struan 靠著睡覺，還會跟 Struan 分享同一杯水。這一切聽起來多麼溫馨美好，但是身為媽媽的我看在眼裡，實在很害怕，因為蘇格蘭天氣冷，Ruby 不常洗澡，她的捲毛又深得 Struan 喜愛，所以嘴巴常常含著她的毛，兩手也抓起一撮毛往嘴裡放，公婆笑得開心，我心中的三把火卻被熊熊燃起。

RUBY　　STRUAN　　CRACKER

Struan 第二次到英國是在他 1 歲 2 個月開始慢慢學走路的時候，由於我要工作的關係，這次先由爸爸 Steve 提早兩週先帶他去，行前一個月，我每天都囑咐 Steve 要讓 Struan 常洗手，可以跟狗玩，但是不能讓他吃毛也不能讓狗躺在 Struan 的行李箱裡，不過，我偏偏沒料到，公婆多養了一隻新狗，牠叫 Cracker，牠是一隻個性很瘋的狗。

Cracker 是一隻漂亮的獵兔犬，牠才 6 個月大，可愛有活力，亮亮的灰色，實在太美麗了，這是公婆對 Cracker 的形容，但我卻在背後說他的尾巴好細好長，加上牠的毛色，還有每一餐都想和 Struan 分食，根本就是一隻老鼠！

不過牠也讓 Struan 快速地學會走路，因為他們會一起追逐，每天早上媽媽珍惜的小孩未醒時光，也會因為 Cracker 想衝進來找 Struan 玩，將 Struan 的臉舔了一遍，破壞了我的寧靜空間。我的髮捲、髮帶、內衣甚或是生理用品，也常常毫無隱私的被 Cracker 從行李箱叼出來送給拜訪的鄰居……

我們從英國回台後，發現 Struan 會說的第一個英文單字居然是 Cracker，那是在 Steve 和公婆視訊時，Struan 看到婆婆時問起 Cracker，並且在我畫了一整張滿滿都是狗狗的畫上，很快找到了 Cracker。

後記：

從英國回台灣後，Struan 的世界裡只有狗狗，任何四隻腳的動物在他眼裡都是狗狗，他甚至開始學狗叫，不管是我用中文問，或是 Steve 問：「What the puppy says?」他都會生動的學狗吠，絕不是那種可愛的汪汪叫。

我們家樓下有個媽媽，每天都會帶著一隻奶茶色跟一隻黑色的柴犬散步，Struan 會想去牽著牠們，或是摸摸牠們。有天 Steve 帶著 Struan 出去買東西時，Struan 看著一個小孩被牽著防走失繩，看了許久，好像突然想通了什麼，手指著小孩大叫「狗狗」。

在 Struan 的夢裡.

不知道是不是有很多狗的陪伴?

這幾天的半夜會突然喊著狗狗.

Nov. 2019

Struan的穿衣哲學

記得小時候有次成績考得不錯，媽媽問我要什麼禮物，
我說我要像日劇裡的那種兩件式，
上身是襯衫下身是和上身同個花色的成套式睡衣，
記得當時沒有找到我想要的材質跟花色，
這已經是 20 年前的事了。

婚前，Steve 的姪女每天早上都會被送到公婆家，
每次都穿著各式各樣的可愛睡衣，
有連身的，也有我小時候想要的成套式的，
當時我就想，以後等我有小孩，我要讓小孩有正式的睡衣，
而不是過去那種把要淘汰帶有污漬的衣服拿去做睡衣！

Struan 的衣服共分為兩大類，睡衣跟外出服，
睡衣會在晚上洗完澡後換上，不太會穿出門，
上衣有時候可以當襯衫搭著牛仔褲做外出服。

這些睡衣都是我自己選購的，
在台灣我都沒有找到想要的樣式，
最理想的一套反而是我到胡志明市工作時找到的，
是法蘭絨材質，藍白條紋穿插著船艇的插圖，
很可愛也很保暖。
至於外出服的部分大多來自朋友小孩的二手衣、
英國的二手店或是親朋好友們送的。

當初得知懷的是兒子，
覺得最遺憾的就是無法像女生一樣可以做各種打扮，
後來發現其實男生的衣服也有好多種選擇。

我比較不偏好粉色系的衣服，
喜歡大地色或有點渾濁色彩的純棉材質，也喜歡條紋跟格子，
而我最常買給 Struan 的是包屁衣。
我自己本身是一個很擔心底褲會露出來的人，
總會穿件稍微長的背心在最裡面，紮在褲子或裙子裡，
春夏秋冬都穿著。

相對於兒子，我也擔心他的尿布外露，
所以夏天會穿背心、短袖的包屁衣，
而冬天最底層一定穿著長袖的包屁衣，
睡覺時讓他穿著包屁衣比較不會著涼，
也可以防止他半夜踢被子。

我自己定義了 Struan 適合穿較緊身的褲子，
不太適合日式裝扮 (笑)，
所以總是讓他穿著類牛仔褲的棉質緊身褲，
再搭各式彩色或是花紋圖騰的襪子，
加上 Struan 在英國時，因為天氣冷習慣戴帽子，
每天出門都像在提醒我唸著「包包、帽子」，
於是帽子、包屁衣、緊身褲、彩色襪子、素色鞋子、
包包就成為他的主要穿搭風格。

Struan's 外出包

22.5 cm

19 cm

sunglasses

墨鏡

鑰匙圈當

一丁點

防盜的功能。

(偷小孩?)

紅包

放點錢,

以防有時

我忘記帶錢……

尿布

大約3-4片

彈力怪獸犬

非常重。

手.腳可以拉很長,

會不時發出怪獸犬吼叫聲。

球 球

Struan 的最愛,

在戶外他不敢玩,

怕會弄不見。

水杯

口罩

睡衣篇

帽子不是
同一套，
Struan 喜歡戴。

秋天時穿，
上衣也會
當外出服。

夏天
睡衣，
上身是
包屁衣。

法蘭絨材質，
在胡志明市購入，
做工細緻。

(裡面還會穿包屁衣。)
還是

法蘭絨
連身睡衣，
也會外出穿。

外出服篇

春、夏
的基本穿搭,
包屁衣
+
類牛仔棉褲
+
彩色襪

上衣、褲子
都是 Struan
的外婆買的,
休閒舒適,
但容易撞衫,
我會加上毛帽
除了保暖,
也有型一些。

Struan
出生沒多久,
婆婆
就準備
了這一套,
應該是
蘇格蘭傳統。
萬聖節穿過。

在
Notting Hill
的二手店
找到這件
麂牛上衣,
(材質)
價格便宜
也蠻可愛。

元元姨送
的超暖上衣
及燈芯絨鞋，
帽子來自
「庫魯不塔人」。

Struan 有一陣子
喜歡穿吊帶褲，
會拿著帶子說：
媽媽，穿。
褲子是婆婆
寄來的。

在英國探親時
買的襯衫，
想著可在正式
場合來穿。

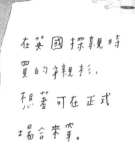

奶油姨送的，
棉麻材質，
我很喜歡。
可是好多路人
都說是逃獄嗎！

Struan 與我的生活圈

因為 Struan，我在鄰里之間，好像突然多了很多朋友。
每天，一出家門的右手邊，會有幾個聊天的阿婆，
他們會固定的跟 Struan 聊天，只要他主動揮手說 Hello，
她們就會笑著拍手。
接著，每週我們會固定去一間早餐店 2 ～ 3 次，
早餐店老闆娘的女兒和我年齡相仿，
她的兒子阿一大 Struan 半歲，
我們從有孩子後變成好朋友，Struan 會跟阿一玩，
也常常會分享到阿一的餅乾跟海苔，
有時 Struan 還會跑進阿一家裡坐在沙發上玩著他的玩具。
(早餐店就在他們家一樓)

我們家附近有一個大型傳統市場，
賣大骨頭的阿姨會先看到 Struan 才發現我也來市場了，
賣麵疙瘩的姨孃會給 Struan 一個飛吻，並叫他小帥哥，
賣豆乾的老闆娘會點著幾籃非基改的豆製品
說這些 Struan 可以吃，
最常去的店家應該是家旁邊 24 小時水果行，

裡面工作的叔叔、阿姨會讓 Struan 試吃水果，
有天，一位在晚班工作的先生，感慨的看著我說，
「從看妳懷孕看到現在，妳小孩都會走了呀！」

我從小在這長大，後來出國讀書，搬到台北工作，
卻在決定買房子時，選在離家隔一條街的地方，
當初只想著這邊離機場近，可以走路到火車站，
住在家人附近還可互相照料。

從沒想過，在有小孩之後，出現安定的感覺，
會開始留心住家附近的小地方，
也喜歡騎著腳踏車載 Struan 到處繞。
我們一起發現附近有田、有農場，
還在無意經過的小巷弄聽到動物叫聲，
然後看見好大一頭黃牛（驚嚇），
這是不是就是落地生根呢？

Struan & 姪女

我喜歡每天和 Struan 散步時，
和認識的人打招呼也聊聊天，
在家附近交了很多新的朋友，
以前的我不喜歡在住家附近交朋友，
覺得少了隱私也沒有自己的空間，
現在卻被這些人情味感染更喜歡現在的生活。

我的兩個姪女，
Struan 口中的冰冰姐姐、鈺姐姐，
非常會照顧弟弟，到哪裡都要
牽著手。

軟綿綿的綿羊阿姨很疼 Struan,
即使 Struan 很重, 也常常抱著 Struan 到處玩,
陪玩、陪看繪本都好有耐心。

元元阿姨開大人的服飾店，常常送小人的
衣服、配件、鞋子給 Struan，也送 Struan 的媽媽
許多美麗的植物。

在送 Struan 到外公、外婆家的路上,

會經過轉角的魷魚焿麵店.

Struan 從很遠就會開始對他們招手,

他們會停下手邊的工作來聊幾句.

他們最喜歡 Struan 模仿各種

動物叫聲!

隔壁阿嬤每天早上
都會和我們聊天，
無奈我不會說台語。
但是，可以感受到她很喜歡小孩。

每次經過她家，如果阿嬤在裡面忙，
Struan 就會在門口一直叫著阿嬤。

阿嬤就會走出來，
用國語說：好棒、好棒！

阿嬤常送我們青菜。

週末會帶 struan 一起去社區大學的陶藝班.

很幸運能加入, 像家人一樣溫暖的一群人,

我們常常會有聚餐活動.

每個人都帶上好吃的,

一起聊天, 一起戶外燒陶.

我可以完全放鬆的吃吃喝喝,

大家都陪著 Struan 玩.

PART 3.

Mom's Journal

媽媽日記

這一 part 大部分的內容，
都是在我哄睡 Struan 後，
在手機記事本記錄下來的瑣事。
一整天的這個時間，在黑暗的房間裡，
終於感受到一個人的放鬆，
忙完工作，小孩也睡了，
我通常會喝一杯啤酒，吃點零食，看個電影。

Steve 有部分時間在英國工作，
所以我和 Struan 的獨處時間多了很多，
當身邊朋友關心 Steve 不在台灣時，
問我會不會有點辛苦，
我反而是為 Struan 感到有點可惜，
因為他少了每天和爸爸相處的時光。

但是，我們倆倒是培養了蠻好的默契，
我有些潔癖，也很喜歡整理和收納，
Struan 會在我收東西時，
在旁邊等著我拿要整理的東西玩，
對他來說這些沒看過的東西可能比玩具更有趣。

Struan 通常會在我煮菜時玩自己的玩具，
也會在我說吃飯時，把玩具收到籃子裡，
飯後，他也會要我拿衛生紙給他擦桌面，
我開始有些擔心我的潔癖已在無形中慢慢影響了他。

雖然 Struan 只有兩歲，
回頭看當時的日記，
想到他剛出生時躺在床上，
偶爾哭、常常吐奶、總是在睡覺，
總覺得時間過得好快。

怎麼這麼快他就開始學會表達自己？
會揹著自己的包包，還會在裡面放自己的用品，
能自己玩，也會幫一點點忙。

再過一、兩年 Struan 就要上學了，
他會學到更多新的事物，
也可能會開始感受到各種不同的情緒，
也會慢慢知道，不是所有人都無條件的愛他。

以前，還沒當媽媽時，
總能高談闊論怎麼教育小孩才是對的，
現在卻開始害怕當他碰到挫折與失望時，
怎麼樣的陪伴才是最好的？

我希望能像 Struan 現在陪伴我的方式，
默默的看著、陪著，
給他滿滿的信任與愛。

PS：在畫這一 part 時，有關 Struan 欺負同伴或我們夫妻吵架的內容，曾經
想過畫出來會不會造成不好的示範？最後我還是決定把最真實的日常寫、
畫出來。

19, 09, 18'

Struan,

今天是你第一次看著我笑出聲,

我只是把你放在我的大腿上,

你笑了好久,

還讓我拍了好多張照片。

最近的工作好忙,

常常覺得無法兼顧,

可是,今天媽媽的心真的溶化了,

只有我們兩個人的日子

很 甜 蜜 。 — 2m 24d —

Soy sauce

18. 12. 19'

每天睡覺前，都會抓著

Struan的手聞一聞，

是 醬油的味道。

是手熱熱的

    握拳

    然後就發酵了嗎？

— 5 m 23 d —

11. 09. 19'

這個夏天，Struan 在英國學會走路了。
在鄉下到處都是草皮，沒什麼車，很適合
小孩學走。

我們常常三個人去散步，
夏天盛產野生黑莓，邊走邊吃，
也會摘樹上的小蘋果，
常常覺得我們像是
Masha and The Bear 裡的棕熊，

我們帶了袋子，採了黑莓、蘋果。
我回家熬成果醬，少放點糖，
保留了顆粒的口感。

這個夏天，過得很愜意。

ー ly 2m ー

19. 01. 2020

Struan 在第三次從英國回台灣後，
突然個性有了變化，
會捏或打其他的小孩，
這樣的行為持續了一個多月。
我讀了教養書也上網查許多資料，
發現這些行為很可能是缺乏安全感造成的。
或許來自不停變動的環境，
接觸不同習慣的人、說不同的語言、
食物、氣候等……許許多多的因素，

一開始我會對他生氣,
對被他欺負的人很抱歉.
後來.慢慢理解,以耐心多陪伴.
也把作息調整規律,多和家人、熟人相處.
狀況慢慢改善.
也不再動手了。

— 1y 6m —

大年初三　2020

Struan 已經懂得
泡澡的樂趣了,
不用玩具
還可以享受微燙的水溫。

— 1y7m —

Struan 的洗澡玩具

TOYS

Pickle

28.01.2020

Struan 的手心，
從醬油味轉變
成醬瓜的
味道了！

-1y7m-

今天等一下人在 Struan 面前和 Steve 吵示，別……很大聲……

當我們會盡量不讓 Struan 看到刺。

Struan 先看著我，然後他抱了 Steve，手都捏著門眼他說：Bye Bye.

他為刻我身邊，抱著我流眼淚，的眼睛看著我說：呼呼。

把為我抱抱抱的月，再為我捧捏抱後，他扣捏扣屑說：日生鬧覺.

不知道是不是心疼是我而說睡覺？（PS：日生鬧是我們每天上玩捏床游屋的 by keyword）

或是希望我可以拖休息一下？

我都因為一連串的舉動，心情馬上溫暖起來。

一 ㄧㄚ8m 一

19. 02. 2020

Struan 喜歡幫忙拿東西.

揹著自己的包包

還會幫我拿購物代表.

我會挑一些輕一點

或不易碎的東西.

讓他來負責!

神隊友

→ 掛著小包包

去家樂福 買家用品

幫我抱著泡麵，一邊看月亮的 Struan

幫我拿要寄貨的箱子.

這天碰到路人：妹妹,好乖呀!

(又被叫妹妹了……).

23.02.2020

Struan 越來越獨立了.

能自己玩, 自得其樂.

今天我把整個房間重新

整理、打掃.

他都沒有干擾.

自己拿著空盒玩.

或是撥撥吉他

guitar!

~ ly 8m ~

Struan

戴起我的浴帽

看書,

覺得很好笑!

空氣　　27.02.2020

我跟Struan說:

你是媽媽的空氣,代表很重要,

不能沒有的意思,

我這樣解釋著,

之後，

我問：Struan 有愛媽媽嗎？

他總會回：空氣！

有次我們在各自的澡盆洗澡，

他突然看著我說：空氣喔，

真感動！

— 1y 8m —

10, 03, 2020.

Steve 送我兩組超迷你模型,

是露營的組合.

Struan 看了很喜歡, 拿了蛋包飯要放入嘴巴,

我馬上制止, 說: Struan, 這不是真的啦.

你要假吃!

Struan 隨即拿了旁邊的迷你咖啡.

假喝了一口, 說: 燙 燙.

Struan 是戲子。-1y 8m-

| : |

醃梅子

31.03.2020

訂了5斤的青梅，
我們一起幫梅子洗澡。
一起 挑梅、曬梅，
隔天一早，說：買鹽！
再一起醃梅。

struan

— 1y 9m —

到外婆家
拿曬梅子
的竹籃。

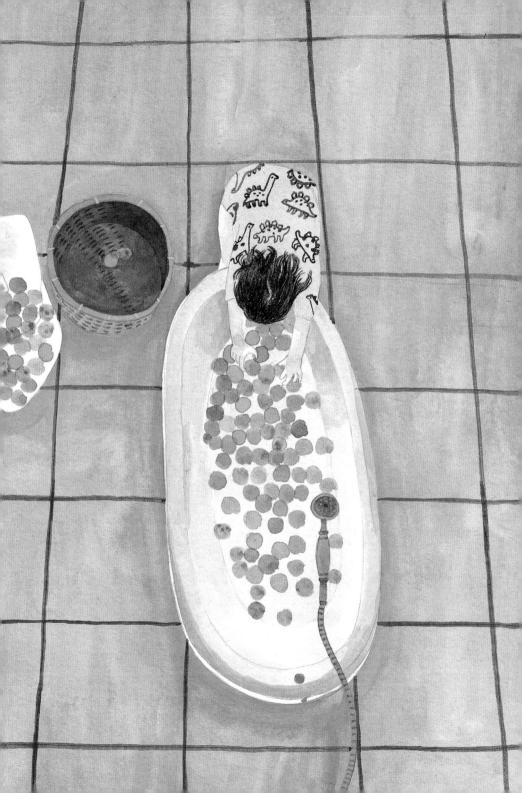

tea time

24. 04. 2020

不管是吃瓜子也好,
或是吃地瓜球,
struan 最喜歡草莓.
我最喜歡睡前的 tea time!

— 1y8m —

PART 4.

Steve says:

I can make it!

Steve 說：我來就好！

我相信爸爸是很愛小孩的，但是好多遊戲的方式都讓我必須要在旁邊好好監督，也常捏一把冷汗。

Steve 是一個喜歡手作的人，剛買房子時，我們會在路邊找廢棄家具、木頭回來自己整修做椅子、桌子，甚至是大櫃子。他最喜歡逛五金行、小北百貨跟 10 元商店，總會在這些店內找尋創作靈感，每當我在漂亮的家具行或風格簡潔的無印良品挑選家用品時，他就會掃興說「這些東西小北百貨就有了啦！」接著報出便宜許多的價格。

我相信他，放下手中選定要買的物品和他一來到小北百貨，嗯⋯⋯要說一樣可能很類似，也可能比無印良品的某些商品實用性高一些，但美感畢竟還是有差。我抱怨著說「完全不一樣呀！跟家中風格不搭啦！」這時，他會回我他最常講的一句話「I can make it ！」

我 一 聽 就 怕 的 話

「I can make it ！」這句話我一聽到就怕。

我也喜歡手作，比如說買水果自己做果醬，家中碗盤都是自己捏陶拉坯做的，而他的手作則遍佈在各個面向，像是從路邊撿木頭做湯匙、用木棧板做茶几，或者把我們吃的百香果籽放在潮濕的

衛生紙裡培養發芽，現在百香果攀藤至整個陽台的鐵窗上。

某次我們看上一個《星際大戰》塑膠玩偶的鑰匙圈，我說頭的部分很可愛，但是身體偏小我不太喜歡，他說這簡單，回家居然開火要把身體融掉！！！這很不健康吧？會燒出多少有毒物質？就在他燒到腳的時候，我立馬阻止這瘋狂的行為！

還有一次，他說想要做一個禮物送我，我心想，又來了，突然間胃感覺有點抽筋（不自覺的）。

我：那是什麼呢？
他：是祕密。
我：這個禮物會不會很佔位子呀？是漂亮還是實用的呢？如果有一天不用了，可以環保的回收嗎？
他：很美觀是藝術品也很實用，而且天然打造還可回收。

我跟 Struan 陪他去買木頭、找布料，他還量了我手臂張開的長度。我萬萬沒想到，兩個禮拜後，他做出了一把弓箭！！！！！！（我要弓箭幹嘛……）

新鮮直送的料理

有了小孩之後，Struan 的服裝及食物都是由我負責，我會盡量買有機蔬果也會跟熟識的市場店家買魚、買肉，如果我須要外出工作，早餐會幫 Struan 買好五穀饅頭，也會把副食品都準備好，讓 Steve 可以直接加熱。

有次工作我要去倫敦幾天，Steve 提議先帶 Struan 回蘇格蘭看爺爺奶奶，之後再和我會合。第一次跟 Struan 分開一個多禮拜，難免有些擔心，我耳提面命的跟 Steve 說，記得要常幫 Struan 洗手，要注意安全，更要避免讓 Struan 吃冷凍食品，最好都煮新鮮食材。我把米和十穀放進 Steve 的行李箱，他一再向我保證沒問題，還反過頭來對我說「他也是我兒子呀！」

他們回蘇格蘭後，我問他有沒有給 Struan 吃新鮮食物，他拍了幾張電鍋中手作饅頭照片給我看，接著說「別擔心！我明天早上要去釣魚，下午要去採野菜，Struan 可以吃到最新鮮的食材！」其實……是也不用這麼完全新鮮直送呀！

爸爸很危險！

常常有人問我，Steve 和 Struan 在家時有辦法好好工作嗎？真的無法，音量實在是太大了！爸爸玩的遊戲總是那麼激烈，大笑、大叫或是大哭。Steve 想讓 Struan 玩跟一般人不太一樣的遊戲，不要的紙袋、紙箱，或是運用家裡的物件拼湊出新的遊戲方式，當我認真工作時，Steve 會叫我趕快去看他們在玩些什麼，然後，我就會無法回去工作了。

有些遊戲真的讓我的視線不敢離開，害怕會有危險，Steve 總會說「摔跤沒什麼大不了。」但是，對媽媽來說應該是要降低風險才是呀！

紙袋面具
Paper Bag Mask

● ingredients 材料：

1. 紙袋

2. 勇氣

● happiness level：

★ ★

● method 作法：

買東西拿到的紙袋，在靠近眼睛的
位置隨意的撕兩個洞，
戴上去露出眼睛即完成。

適用於外出、上餐前或是坐不住在鬧的時候，紙袋很輕易就可取得，可以妳（你）
戴一下，再給小孩戴一下，一起玩。Steve 戴在頭上的時候還順便扮演起怪獸，亂
吼亂叫，所以我想，勇氣跟不在乎旁人眼光也是必要的！

嬰兒壽司卷

Sushi Roll

● ingredients 材料：

1. 毛毯

2. 長型布偶 (optional)

● happiness level：

★ ★ ★

● method 作法：

用毯子或是薄一點的棉被鋪在下層
當做海苔，接著把小孩放在毯子上作為
主要的食材，可以放入長型的娃娃、
抱枕當做是配料，再把全部捲起來就
完成了！

我總是扮演客人的角色，Steve 會坐在床上把材料準備好，並問：「請問今天想吃什麼口味呢？」Struan 在被捲的過程好像要哭的樣子，一直哇哇叫，可是捲好要售出時，又會笑得很開心的說：「More！More！」所以這是很常玩的遊戲。

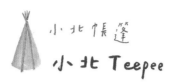

小北帳篷
小北 Teepee

- *ingredients* 材料:
  1. 2.3 m 竹竿 × 5
  2. 粗麻繩 or 童軍繩
  3. 2 m × 4 m 防塵袋
  4. 細繩 (optional)

- *happiness level:*

  ★ ★ ★ ★

- *method* 作法:

  這個帳篷算是需要花點心力來製作，

  上網搜尋 DIY、Teepee 這兩個關鍵字，

  可以找到許多教學影片！

會稱這個帳篷為小北帳篷，顧名思義所有製作的物件都可以在小北百貨購入，小北百貨深受 Steve 的喜愛，他稱小北百貨為台灣的 Tokyu Hands 或台灣版的無印良品，每天都會去走走找靈感。我喜歡家裡乾淨不要有太多東西，有天外出工作一整天，回家看到這座高至天花板的帳篷，還用很台味的防塵布當外罩，為了不打擊他，我說請給我尺寸，然後找了一塊漂亮的白色帆布替代！

Struan 一開始看到帳篷，害怕的拉著爸爸的手要他陪著進去，去過一次就愛上了，他把所有玩具都放進去，也算是另類的玩具整理空間。

洗澡盆賽車手

Bathtub Racer

● ingredients 材料：

　1. 大洗澡盆

　2. 滑板（已經拆下防滑膠）

　3. 抱枕

　4. 小毯子

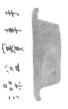

● method 作法：

將已經有防滑膠的滑板放在報紙底下，按下放上洗澡盆，為滑板加上舒適度，可以加上抱頭、小毯子或玩偶。

● happiness level：

★ ★ ★ ★ ★

老實說，一開始看到爸爸帶著 Struan 這樣玩，覺得好可怕也擔心危險，所以一直叮嘱爸爸一定要扶好，還說玩完這一次就不要再玩了！但是 Struan 會一直指著放在高處的滑板，並坐好在澡盆裡，等著 Steve 帶他玩，為了不想讓他失望，我總會在旁邊盯著。這遊戲應該是他目前的最愛了！

合成高手
PHOTOSHOP Master

- ingredients 材料：
  1. PHOTOSHOP

- happiness level：
  ★ ★

- method 作法：
  在同個位子上拍一張空景跟一張
  有人物的。

Steve 擅長用 Photoshop，但是沒想到有一天會用在這裡⋯⋯。

他喜歡叫我在很危險的地方拍照，先拍空景，再拍他小心翼翼扶著兒子的畫面，並要我在 Struan 的眼神和肢體都最自然的瞬間按下快門。然後他會把自己從畫面中修掉，再將合成好的照片傳給 Struan 的爺爺奶奶外公外婆，大家都會驚呼實在太危險了吧！或者開始認真生氣，但是，Steve 永遠樂此不疲。

愛料理爸爸

COOKING PAPA

- ingredients 材料:

  不怕麻煩的靈魂

- happiness level:

  ★ ★ ★ ★

Steve 很喜歡料理，
他會自己釣魚、處理魚、做魚油，
也會冒著手被割傷的疼痛拔野菜，
我想大家會覺得有人煮菜不是很好嗎？
但是，處理魚的過程，那腥味讓我害怕，
也會想，真的是這樣做魚油嗎？
再加上，他都不太洗菜，
覺得純天然很好（？）

我總是帶點怕怕的嘗試……

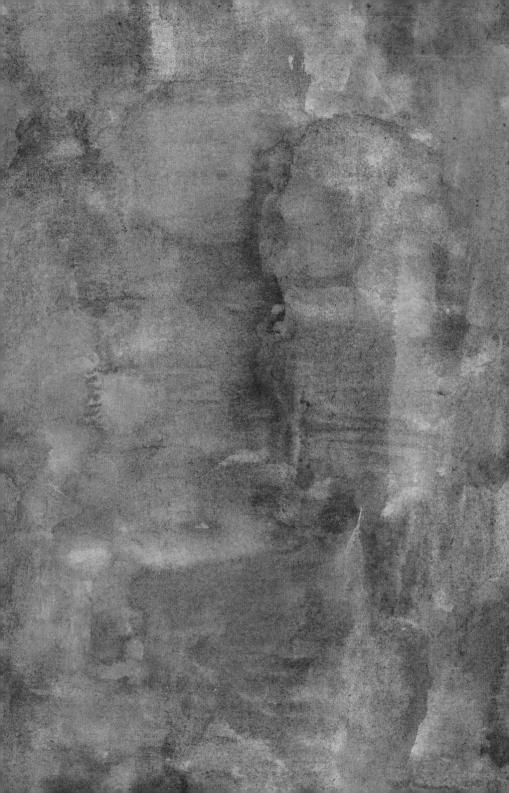

PART 5.

Taiwanese dad
vs
Scottish dad

台灣爸爸 vs 蘇格蘭爸爸

為什麼我和 Steve 在照顧小孩的想法會這麼不同？
我想應該是我們的成長環境和文化都很不一樣，
還有，我們兩個人的爸爸也都有著非常兩極的個性。

我的台灣爸爸在退休前是記者，
小時候，我很羨慕他的工作，
因為他總可以睡得比較晚，上班時間也很自由，
因此我常常打電話回家請他幫我送忘記帶的課本。

我的爸爸是很道地的文青，
非常喜歡讀書，各種類型的書他都會看，
也是網路書店的 VIP 會員，
連我去超商買東西，
店員都會提到你爸爸訂的書跟 CD 都到店了喔。

我爸爸也愛聽音樂，
學生時期的週末我們都是被交響樂吵醒的，
他喜歡一邊聽音樂一邊看書，
有時候也會用鋼筆練字。

還記得，他常常會在我上學時，到我房間幫我疊被子，
然後手寫一封信放在我的書桌，
現在回想起來，覺得他是一個很老派浪漫的人呀。

我的爸爸很少罵過我，也從不當面說難聽的話，
但是會傳很長的訊息給我，
我想是讓我保留面子，看訊息時再檢視自己，
在沒當媽媽之前，我一直覺得和爸爸有著距離，
但當我有了小孩後，才慢慢體會到，爸爸過去的關心與愛。

Mr. Ned 是我稱呼我公公的方式,
當初覺得直呼他名字不太禮貌,
所以就以 Mr. 尊稱他,後來他們一家人都跟著這麼叫。

Mr. Ned 來自倫敦,
他的人生歷練很豐富,談吐也風趣,
常常和我們分享一些荒唐又好笑的事。

他成長在一個有問題的家庭,
從小就被家人叫去農場工作,
但賺來的錢卻給他父親拿去買酒喝。

他年輕時做過很多瘋狂的事,
像是毒品買賣,也蓋過房子,
但他最喜歡的工作應該是製作音樂和辦演唱會,

我第一次和他見面是 2013 年,後來我們每年都見到,
他是我第一個認識每句話都帶髒字的英國人,
也因為這樣我對他沒什麼畏懼(?)
覺得什麼話都可以跟他聊,
他最常問我的一句話就是「妳今天過得開心嗎?」

我們都很喜歡烹飪,他很會做蛋糕,教會我烤蔬菜,
我做的每道素料理也獲得他的認可,
他最喜歡我做的蒸蛋,但都會說那是豆腐。
Mr. Ned 吃素吃了二十幾年,他說吃動物很殘忍,
每當說到這裡,他就會比著 PEACE 的手勢說「我是 Hippie 呀!」

我常常覺得他就像是個小孩,
對我來說,他不像爸爸,反而像很好的朋友。

Taiwanese dad
likes
CLASSICAL music.

台灣的爸爸,

喜歡古典樂、民謠、老歌.

非常熱愛音樂,蒐集各式音響,

也會自組真空管.

家裡超過萬片CD、黑膠.

對於音樂品質非常講究.

享受於靜靜的聽音樂

一邊看書.

Scottish dad

likes

PUNK!

外公公的自製皮衣。

蘇格蘭的爸爸.

會幫一些在地樂團錄唱片
及籌辦演唱會.

喜歡龐克·搖滾樂.

最喜歡的樂團是 Sex Pistols,
只聽黑膠唱片.

會跟婆婆
一邊聽音樂
一邊跳舞.

KROCK LAND

Scottish dad likes to grow VEGETABLES!

Taiwanese dad
speaks and acts
cautiously.

台灣爸爸
謹言慎行

Scottish dad likes to talk loudly and uses the **F**-word for emphasis.

蘇格蘭爸爸
講話超大聲.
喜歡用 f-word
加重語氣。

Taiwanese grandfather

cooks a healthy meal

for Struan every day.

台灣爺爺每天

都會煮五行蔬菜飯.

給 Struan 吃。

Scottish grandfather
asks: "When can he
eat chocolate?"

英國爺爺問：
"Struan 什麼時候可以
吃巧克力？"

Taiwanese Dad VS Scottish Dad

Taiwanese dad
uses his cellphone
to read the news
all the time.

台灣爸爸
每天都會用手機
看新聞。

Scottish dad
reads the newspaper
every day but doesn't
really know
how to use
a cellphone.

蘇格蘭爸爸
每天都會看報紙.
但是.他不會用手機,
也不懂怎麼上網?

Taiwanese Dad VS Scottish Dad

雖然，

他們從沒見過彼此，

雖然，

他們真的很不同，

但是，

他們都很愛 STRUAN。

Although

they haven't met eachother

and they are very different,

both of them love Struan

very much.

我的蘇格蘭爸爸,

在我畫這本書的過程中因病過世了.

他走的幾天後,狗狗 Ruby 也離開了.

我想 Ruby 是去陪伴 Mr. Ned.

當 Mr. Ned 感受到他將要離開的前幾天,

他選了他走之後要穿的衣服.

是件黑色 T-shirt,上面寫著

"Punk not dead, but I'm almost there."

配上紅色格子褲.

選了巴基斯坦的國旗,蓋在棺木上.

他覺得這國家沒受到世界平等的對待.

Mr. Ned & Ruby,

希望你們現在都在廣大的草原上.

隨意、開心的奔跑!

Mr. Ned

Edward Ned Caffrey

Taiwanese Dad VS Scottish Dad

You are a hippie.

You are the funniest person I've ever met.

You behave like a child, but you are a wise man!

I felt so relaxed when I was talking to you.

I could be myself when we hang out together.

I will miss the times we shared our life experiences.

I will miss the times we talked about our collections.

I hope you go a place full of crazy and funny people.

I hope you never feel pain.

Rock 'n' roll

Rest in Peace

I want to get a big DOG!
DOGS are like children. Both of them
make the house a happier place!

剛帶著 Struan 睡著，
突然有感而發的想紀錄一下內心的話。
Struan 因為陪我做梅子酒，延遲睡覺的時間，
他一邊讓我幫他吹頭，一邊半閉著眼，
我的心揪了一下，怎麼總是你在陪著我呢？

我草率地把自己的頭吹了一下，
讓 Struan 先躺在床上，我去泡奶，
他喊了一聲寶貝，我紅了眼眶。

畫這本書真的很掙扎，
從懷孕到 Struan 快兩歲真的經歷了好多好多，
我感受到自己最脆弱的一面，卻也看見了我的勇敢與成長，
Steve 經常不在台灣，讓我從一開始的無助，
到相信自己什麼事情都可以辦到，
只要讓 Struan 知道我愛他很多很多就好。

決定做這本書並不是因為覺得自己的兒子有多特別，
我只是想平實的紀錄我生活的日常，
分享一些我覺得有趣和值得畫下的事，
這是我人生很重要的一段。

在和編輯建偉討論內容時，
因為很少書寫內心脆弱的一面，
一直很擔心會洩露太多不該說的祕密，
他說，這是妳和兒子的故事，不用顧慮太多，
把有趣的事寫下畫下就好。
他也是前五個知道我懷孕的人，那時還不到三個月，
我們一起做芭娜娜的書，他曾經叫我先把工作擱著，
把自己的私事處理好，

只是那時，書展活動都已敲好，不能有任何延遲，
我沒有飛走，留下來好好的把書做完，
我們常常打電話聊天。
我很感謝他偶爾的感性和大多時的理性，
讓我這本書可以好好完成。

我也感謝在趕稿的日子裡，爸媽的幫忙，
他們愛 Struan 卻不寵溺他，
他們讓我能安心的趕稿，也多了些自己的時間，
以致於我內心總感到虧欠，覺得應該讓他們好好享受退休生活，
怎麼在擔心完我之後，又要開始幫忙照顧另一個小小孩。
他們常常因為幫忙放棄外出旅行，
這本書完成了，我們大家一起好好出去玩吧！

最後，
謝謝 Struan，
你陪伴我多於我照顧你。
很多人問我，有小孩是什麼感覺呀？
我：「你會發現原來你會這麼愛一個人，毫無保留的。」

Struan 愛媽媽嗎？

有，有，有......有吧...

07. March, 2020

Zoo, HsinChu

catch 256

Soupy 媽媽日記

作者 Soupy Tang｜主編 CHIENWEI WANG｜總編輯 湯皓全｜設計 Bianco Tsai
校對 楊麗娟、歐貞伶｜扉頁塗鴉 Struan｜影片 Steve
出版者 大塊文化出版股份有限公司｜105022 台北市南京東路四段 25 號 11 樓
www.locuspublishing.com｜讀者服務專線 0800-006689｜TEL (02) 87123898 FAX (02) 87123897
郵撥帳號 18955675｜戶名 大塊文化出版股份有限公司｜E-MAIL locus@locuspublishing.com
法律顧問 董安丹律師、顧慕堯律師｜總經銷 大和書報圖書股份有限公司｜地址 新北市新莊區五工五路 2 號
TEL (02) 89902588（代表號）FAX (02) 22901658｜
製版 瑞豐實業股份有限公司｜初版一刷 2020 年 6 月 26 日（Struan 生日快樂）

定價 新台幣 399 元
ISBN 978-986-5406-83-7

Soupy 媽媽日記 / Soupy 著.
-- 初版 . -- 臺北市：大塊文化, 2020.07
176 面；14.8×21 公分 . -- (catch；256)
ISBN 978-986-5406-83-7（平裝）

1. 圖文
428   109007099